Himali Mundra
Merlyn Sylvester
M. K. Chattopadhyay

Controlo inteligente de electrodomésticos utilizando o Gecko Gigante baseado em CortexM3

Himali Mundra
Merlyn Sylvester
M. K. Chattopadhyay

Controlo inteligente de electrodomésticos utilizando o Gecko Gigante baseado em CortexM3

ScienciaScripts

Imprint

Cover image: www.ingimage.com

This book is a translation from the original published under ISBN 978-3-330-34713-7.

Publisher:
Sciencia Scripts
is a trademark of
Dodo Books Indian Ocean Ltd. and OmniScriptum S.R.L publishing group

120 High Road, East Finchley, London, N2 9ED, United Kingdom
Str. Armeneasca 28/1, office 1, Chisinau MD-2012, Republic of Moldova, Europe
Printed at: see last page
ISBN: 978-620-7-88262-5

Índice

RESUMO

Neste projeto, utilizámos o kit Gecko Gigante baseado no microcontrolador ARM Cortex M3. O objetivo deste projeto era explorar um kit totalmente novo baseado em ARM. Concebemos um mecanismo de controlo que controla eficazmente os diferentes aparelhos domésticos. Isto ajuda a poupar a energia consumida pelos diferentes dispositivos ligados.

Utilizámos os LEDs e as portas GPI/O integrados, o seletor tátil capacitivo e os botões de pressão do kit Giant Gecko. E como precisávamos de algumas funcionalidades adicionais, utilizámos uma placa de E/S separada. Esta tem LEDs, botões de pressão e um sinal sonoro incorporados. Usámos as classes Digitalln, DigitalOut e AnalogOut do mbed no nosso projeto. No nosso projeto, ligámos a ventoinha, o AC, o géiser e a lâmpada tubular ao MCU com ligações por cabo entre os dispositivos e os pinos de E/S presentes no bloco de separação do kit.

Com a ajuda do Energy-Profiler do Simplicity Studio fornecido pela Silicon Labs, demonstrámos o consumo médio de energia e de corrente do código em execução no simulador.

ABREVIATURAS

Abbreviation	Full Form
ACMP	Analog Comparator
AEM	Advanced Energy Monitor
ALU	Arithmetic and Logical Unit
ARM	Acorn RISC Machine
BSP	Board Support Package
CPU	Central Processing Unit
DAC	Digital to Analog Converter
dB	Decibel (unit to measure sound level)
EPROM	Erasable Programmable Read only Memory
GB	Giga Bytes
GPIO	General purpose Input/output
HFXO	High frequency Crystal Oscillator
I/O	Input/output(ports,lines,pins,etc)
IDE	Integrated Development Environment
IOT	Internet of Things
KB	kilo bytes
KHz	Kilo Hertz (unit of frequency)
LCD	Liquid Crystal Display
LC	Inductor-Capacitor
LED	Light Emitting Diode
LESENSE	Low Energy Sensor Interface-Capacitive Sense
LFXO	Low frequency Crystal Oscillator

mbed	Embedded(Development Platform for Devices)
MB	Mega bytes
MCU	Microcontroller Unit
MHz	Mega Hertz (unit of frequency)
OPAMP	Operational Amplifier
OS	Operating System
OTG	USB On-the-Go
PCB	Printed Circuit Board
RAM	Random Access Memory
RISC	Reduced Instruction set Computing
ROM	Read only Memory
TV	Television
uA	Micro Ampere (unit of current)
UART	Universal Asynchronous Receiver-Transmitter
USB	Universal Serial Bus

Capítulo 1: INTRODUÇÃO

1.1 Microcontroladores:

O termo microcomputador é utilizado para descrever um sistema que inclui um microprocessador, uma memória de programa, uma memória de dados e uma entrada/saída. Alguns sistemas de microcomputadores incluem componentes adicionais, tais como temporizadores, contadores, conversores analógico-digitais, etc. Assim, um microcomputador pode ser qualquer coisa, desde um grande sistema informático com discos, disquetes e impressoras, até sistemas informáticos de pastilha única.

1.2 Arquitetura dos microcontroladores:

A arquitetura mais simples de um microcontrolador é constituída por um microprocessador, uma memória e uma entrada/saída. O microprocessador é constituído por uma unidade central de processamento (CPU) e pela unidade de controlo.

A CPU é o cérebro de um microprocessador e é nela que são efectuadas todas as operações aritméticas e lógicas. A unidade de controlo controla as operações internas do microprocessador e envia sinais de controlo a outras partes do microprocessador para que executem as instruções necessárias.

A memória é uma parte importante de um sistema de microcomputador. Dependendo da aplicação, podemos classificar as memórias em dois grupos: memória de programa e memória de dados. A memória de programa armazena todo o código do programa. Esta memória é normalmente uma memória ROM (Read Only Memory). Outros tipos de memórias, por exemplo, as memórias flash EPROM e PEROM, são também utilizadas para aplicações de baixo volume e também durante o desenvolvimento de programas. A memória de dados é uma memória de leitura/escrita (Random Access Memory). Em aplicações complexas, em que pode haver necessidade de grandes quantidades de memória, é possível ligar chips de memória externos à maioria dos microcontroladores.

As portas E/S permitem a ligação de sinais digitais externos ao microcontrolador. As portas E/S estão normalmente organizadas em grupos de 8 bits e a cada grupo é atribuído um nome.

1.3 ARM:

Um processador ARM é uma das famílias de CPU baseadas em RISC (Reduced Instruction Set Computing). É bem conhecido pela sua eficiência energética. Os processadores RISC são concebidos para executar um número mais reduzido de tipos de instruções. Os processadores RISC proporcionam um desempenho excecional ao eliminarem instruções desnecessárias e optimizarem as vias. Os processadores ARM são amplamente utilizados nos dispositivos electrónicos dos clientes, como smartphones, tablets, leitores multimédia e outros dispositivos móveis, devido ao seu reduzido conjunto de instruções. Uma vez que os processadores RISC têm um conjunto de instruções reduzido, necessitam de menos transístores, o que reduz ainda mais a dimensão do CI.

A principal razão para conceber o nosso projeto com o controlador ARM foi explorar um controlador diferente. Uma vez que muito trabalho já foi feito com o 8051, estudar e aprender sobre um novo controlador foi um desafio. O kit que utilizámos para o nosso projeto é um dos mais recentes produtos da Silicon Labs e ainda não foi muito trabalhado. O controlador ARM é a última novidade no mercado. Há várias vantagens em trabalhar com ARM em relação ao 8051. O controlo em tempo real, o processamento rápido, o protocolo de comunicação topo de gama e o baixo consumo de energia são algumas das características marcantes dos controladores ARM. Outras vantagens incluem funções como ADC, PWM e uma grande disponibilidade de memória.

O 8051, por outro lado, é o melhor para aplicações que exigem menos funções e baixo orçamento. O ARM, apesar de ser dispendioso, oferece vantagens invencíveis, como o baixo consumo de energia e a alta velocidade. A necessidade de um baixo consumo de energia para os dispositivos IOT e as comunicações sem fios é abordada no texto que se segue, no ponto relativo aos problemas.

A principal razão que nos levou a utilizar o ARM no nosso projeto foi o seu baixo consumo de energia. Este é um aspeto muito importante que nos levou a conceber um projeto de comutação de carga.

1.3.1 Características da arquitetura ARM:

- Instruções de 32 bits de comprimento fixo
- Utiliza RISC, pelo que a maioria das instruções é executada num único ciclo.
- 3-Formatos de instruções de endereço
- Cada instrução controla a ALU e o shifter.
- Modo de endereçamento de auto-incremento e auto-decremento.
- Carregamento/armazenamento múltiplo
- Execução condicional de quase todas as instruções
- O espaço de endereço de 32 bits permite 4 GB de memória.
- Registos de entrada/saída mapeados na memória para uma transferência de dados mais rápida.

1.3.2 Vantagens da arquitetura ARM

- Tamanho reduzido do código
- Alto desempenho
- Baixo consumo de energia
- Baixa área de silício
- O custo de produção mais baixo oferece MCUs de 32 bits a preços de 8 bits com uma via fácil de migração ascendente para produtos totalmente de 32 bits.

1.3.3 Famílias de processadores ARM:

- 1 Série Cortex-A (Aplicação)
  - *f* Processadores de elevado desempenho capazes de suportar totalmente o sistema operativo (SO);
  - f As aplicações incluem telefones inteligentes, TV digital, livros inteligentes, gateways domésticos, etc.
- Série Cortex-R (tempo real)

f Elevado desempenho para aplicações em tempo real;

f Elevada fiabilidade

f As aplicações incluem sistemas de travagem de automóveis, comboios de potência, etc.

- Série Cortex-M

f Soluções sensíveis ao custo para aplicações de microcontroladores determinísticos;

f As aplicações incluem microcontroladores, dispositivos de sinais mistos, sensores inteligentes, eletrónica de carroçarias de automóveis e airbags.

- Série Secure Core

f Aplicações de alta segurança.

- 5 Processadores clássicos anteriores

f Inclui as famílias ARM7, ARM9 e ARM11

A Figura 1.1 mostra as diferentes versões das arquitecturas ARM, das quais estamos a utilizar a ARM Cortex M3.

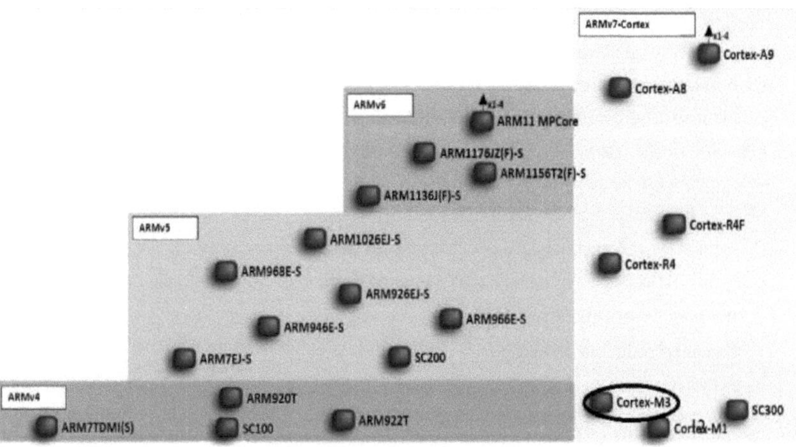

Fig1.1: Versões da arquitetura ARM

1.4 Problemas:

À medida que o mercado da Internet das Coisas começa a tomar forma, o papel das redes de sensores sem fios está a permitir uma série de novas aplicações. Começou a ocupar um lugar central, com uma procura crescente de aplicações de consumo extremamente baixo.

Estão a ser desenvolvidas redes de nova geração em que as baterias requerem pouca manutenção. A captação de energia está a tornar-se mais atractiva porque não requer recarga contínua e elimina a necessidade de fios de comunicação ou de alimentação [1-2]. As aplicações têm diferentes necessidades de energia. Uma fechadura de porta, por exemplo, pode ter de comunicar apenas de hora a hora ou quando algo acontece. Consequentemente, os requisitos de energia serão baixos. Em comparação, alguns dispositivos portáteis, como o Apple Watch, consomem demasiada energia para que se possa utilizar uma solução de recolha. O desafio consiste em desenvolver um MCU capaz de conduzir uma aplicação, mas com um consumo de energia muito baixo [12].

Em contrapartida, um microcontrolador que executa código terá necessidades de energia centenas ou milhares de vezes superiores. Consequentemente, o projeto da aplicação poderá alternar totalmente entre vários modos de suspensão. A escolha dos modos de energia de um microcontrolador pode ter um impacto significativo nos requisitos globais de energia de uma aplicação [1-3].

Quando se trata do orçamento global de energia do sistema sem fios, o consumo de energia de transmissão, o consumo de energia do recetor, o consumo de energia em espera e o tempo de arranque são considerações importantes. Determinará a quantidade de corrente que a unidade consumirá ao transmitir e receber dados [1].

Em muitos sistemas de modo de poupança de energia, a duração da bateria da aplicação será frequentemente afetada pelo consumo de corrente de outros componentes na placa de circuito impresso. Os projectistas terão também de determinar que outros circuitos precisam de ser alimentados no estado de baixo consumo da aplicação [1, 3].

Os consumidores começarão a preocupar-se quando começarem a aperceber-se de que os dispositivos que estão a utilizar são menos seguros do que pensavam. A segurança adicional terá um impacto nas necessidades energéticas. Pode não ser significativo, mas será mensurável e, quando se procura reduzir o consumo de energia, qualquer impacto no consumo de energia tem de ser levado a sério [1, 4].

1.5 Pesquisa bibliográfica:

A domótica é uma tecnologia moderna que modifica a nossa casa para realizar automaticamente diferentes conjuntos de tarefas. A automatização está a ganhar mais reconhecimento entre as pessoas, não só para a modificação da casa, mas também nos sectores industrial e empresarial. Está constantemente a melhorar a sua flexibilidade, incorporando características modernizadas para satisfazer a crescente procura das pessoas.
As casas do século XXI tornar-se-ão cada vez mais auto-controladas e automatizadas. Dispositivos simples, como um temporizador para ligar a máquina de café de manhã, existem há muitos anos, mas mecanismos muito mais sofisticados estarão em breve presentes nas casas de todo o mundo. Além disso, um sistema deste tipo poderia permitir ao utilizador programar eventos para ocorrerem em intervalos recorrentes [5].

A referência [6] apresenta um sistema de automatização doméstica baseado em Java para controlar os electrodomésticos, ligando-os e desligando-os, controlando a sua velocidade e volume. O sistema de domótica que utiliza Bluetooth com diferentes variantes de controladores (ARM 7, ARM 9 e ARM 9) também é abordado na mesma referência. Também é abordado o sistema de automatização doméstica que utiliza o protocolo zigbee, no qual existe o reconhecimento de comandos de voz.

1.6 Trabalho proposto:

O objetivo deste projeto é conceber uma aplicação de comutação de carga utilizando o microcontrolador ARM

Cortex M3. Para o efeito, utilizámos o kit Giant Gecko.

É essencial mencionar isso; aqui podemos ligar ou desligar diferentes cargas, por exemplo, luz, ventilador, TV, etc. O objetivo final deste projeto era criar um projeto funcional de comutação selectiva baseado em microcontroladores e interruptores. O projeto visa reduzir a energia consumida por diferentes dispositivos ligados, atribuindo-lhes prioridades. Isto é para garantir que mais do que um dispositivo de alta potência não é ligado ao mesmo tempo.

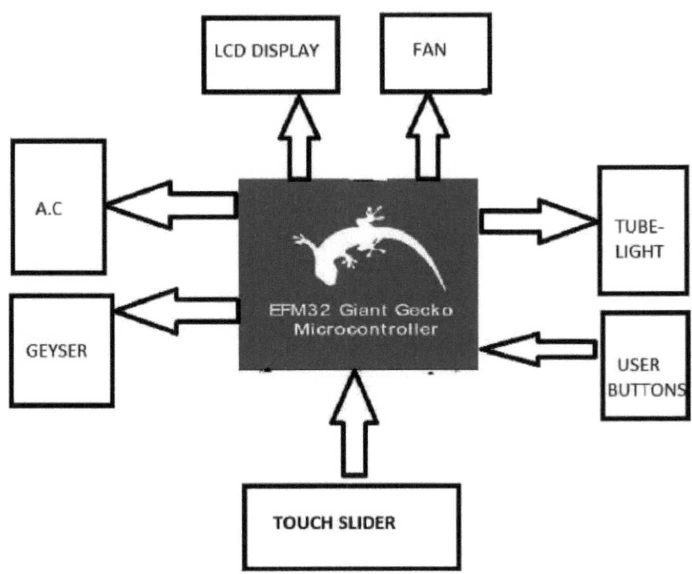

Fig 1.2: Diagrama de blocos do projeto

1.7 Organização da tese:

Nesta secção, abordámos brevemente os microcontroladores em geral e, em seguida, passámos à descrição de diferentes microcontroladores. O microcontrolador ARM foi descrito e as suas vantagens em relação ao 8051 foram citadas. É mencionada a necessidade de um sistema de domótica e também os trabalhos já efectuados neste domínio. Foi abordada a necessidade de comutação de cargas e de redução do consumo de energia. No capítulo 2 é explicada a descrição do hardware de um kit Gecko Gigante com diagramas de pinos e diagramas de portas. No capítulo 3, a parte do software é discutida juntamente com os passos para instalar dois IDE importantes, o Simplicity Studio e o *mbed.* No capítulo 4 é apresentado o algoritmo e o código do projeto. O código é testado. A implementação é apresentada com imagens da ligação do circuito e do output produzido. Finalmente, no último capítulo 5, a tese é concluída. O âmbito futuro do nosso projeto é mencionado juntamente com o mesmo.

Capítulo 2: DESCRIÇÃO DO HARDWARE

2.1 Osga gigante:

2.1.1 Características da osga-gigante:

- EFM32GG990F1024 MCU com 1 MB de Flash e 128 KB de RAM.
- Sistema avançado de monitorização da energia para um controlo preciso da corrente.
- Depurador/emulador USB Segger J-Link integrado com funcionalidade de saída de depuração.
- Micro LCD de energia de 160 segmentos.
- Cabeçalho de expansão de 20 pinos.
- Almofadas de breakout para fácil acesso aos pinos de E/S.
- As fontes de alimentação incluem USB e bateria CR2032.
- Botões de utilizador, 2 LEDs de utilizador e um cursor tátil.
- Sensor de luz ambiente e sensor indutivo-capacitivo de metal.
- EFM32 OPAMP footprint.
- 32 MB NAND Flash.
- Conector USB Micro-AB (OTG).
- Supercondensador de 0,03F para domínio de energia de reserva.
- Cristais para LFXO e HFXO: 32,768 kHz e 48,000 MHz [7].

A figura 2.1 mostra a visão geral do kit da Gecko Gigante.

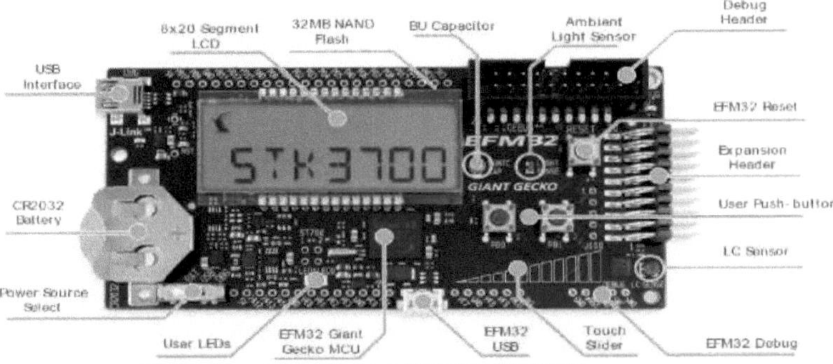

Fig2.1: ***Layout do hardware do EFM32GG-STK3700***

2.1.2 Alimentação eléctrica e reinicialização:

O EFM32 Giant Gecko MCU no EFM32GG-STK3700 foi concebido para ser alimentado por três fontes diferentes:

- Através do depurador de bordo.
- Através do próprio regulador USB do EFM32.
- Por uma bateria de 3V.

A seleção da fonte de alimentação é feita com o interrutor deslizante no canto inferior esquerdo da placa. A Figura 2.2 mostra como as diferentes fontes de alimentação podem ser seleccionadas com o interrutor deslizante.

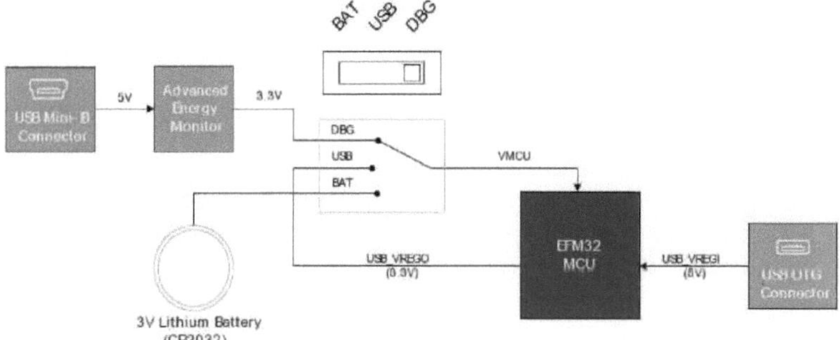

Fig 2.2: ***Interruptor de alimentação EFM32GG-STK3700***

Com o interrutor na posição *DBG*, é utilizado um LDO de baixo ruído integrado com uma tensão de saída fixa de 3,3 V para alimentar a MCU. Este LDO é novamente alimentado pelo cabo USB "J- Link".

O Monitor de Energia Avançado está agora também ligado em série, permitindo medições precisas de corrente a alta velocidade e depuração/perfilização de energia.

Com o interrutor na posição *USB*, o regulador linear integrado no EFM32 Giant Gecko MCU é utilizado para alimentar o resto do chip, bem como o USB PHY. Isto permite uma aplicação de dispositivo USB onde o MCU actua como um dispositivo alimentado por bus.

Finalmente, com o interrutor na posição *BAT*, pode ser utilizada uma pilha tipo moeda de 20 mm na tomada CR2032 para alimentar o dispositivo.

O EFM32 MCU pode ser reiniciado por três fontes diferentes:

- O botão RESET.
- O depurador de bordo.
- Um depurador externo, puxando o pino *RST* para baixo [7-8].

2.1.3 Periféricos:

2.1.3.1Botões de pressão e LEDs:

O kit tem dois botões de pressão do utilizador marcados PB0 e PB1. Os botões estão ligados aos pinos PB9 e PB10.

Para além dos dois botões de pressão, o kit também possui dois LEDs amarelos marcados como LED0 e LED1 que são controlados por pinos GPIO no EFM32. Os LEDs estão ligados aos pinos PE2 e PE3 numa configuração ativa alta [7-8]. A Fig 2.3 mostra as ligações internas dos pinos dos LEDs e dos botões de utilizador.

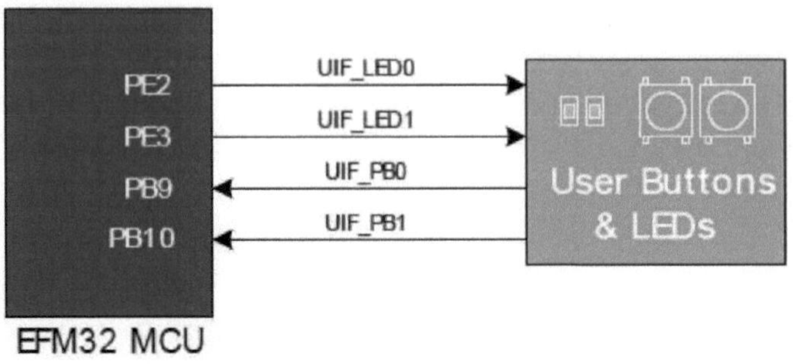

Fig2.3: ***Botões/LEDs***

2.1.3.2 LCD:

Um ecrã LCD Energy Micro de 28 pinos está ligado ao EFM32. O LCD tem 8 linhas comuns e 20 linhas de segmento, dando um total de 160 segmentos em modo 8-plexado. Estas linhas não são partilhadas nos pads de breakout [7-8]. A Fig 2.4 mostra as ligações dos pinos do ecrã LCD de 8x20 segmentos.

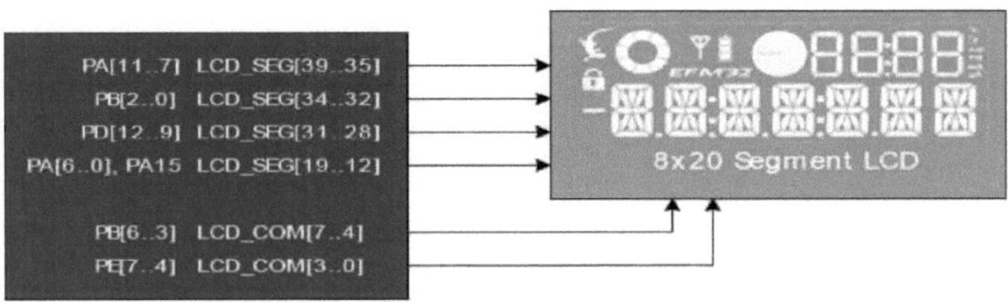

Fig2.4: LCD de 160 segmentos

2.1.3.3 Controlo deslizante tátil capacitivo:

Está disponível um cursor tátil que utiliza a capacidade de toque capacitivo. É colocado por baixo dos dois botões de pressão do kit. O cursor interpola 4 pads separados para encontrar a posição exacta de um dedo. Para um funcionamento com baixo consumo de energia, o cursor tátil pode ser utilizado em conjunto com o LESENSE para procurar continuamente os 4 pads utilizando os canais 8 a 11 do LESENSE. O cursor tátil capacitivo funciona através da deteção de alterações na capacitância dos pads quando tocados por um dedo humano. A deteção das alterações na capacitância é feita configurando o painel tátil como parte de uma relaxação RC

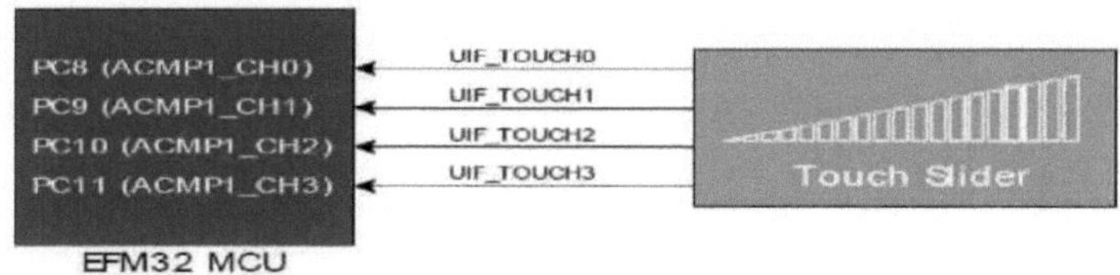

Fig 2.5: Controlo ***de toque***

O EFM32 é um dispositivo de controlo de oscilações que utiliza o comparador analógico do EFM32, e depois conta o número de oscilações durante um período de tempo fixo [9]. A Fig 2.5 mostra as ligações dos pinos internos do Touch slider

2.1.3.4 Sensor de luz ambiente:

O kit tem um sensor de luz ambiente sensível à luz, do tipo transístor, ligado à interface de sensor de baixa energia do EFM32 Giant Gecko MCU. O sensor está colocado por cima dos botões de pressão e pode ser utilizado para detetar alterações nos níveis de luz ambiente. São utilizados dois pinos para o funcionamento do sensor de luz: um para a excitação e outro para a deteção. O pino de deteção está ligado ao ACMP0 CH6 [7]. A Fig. 2.6 mostra as ligações dos pinos internos do sensor de luz.

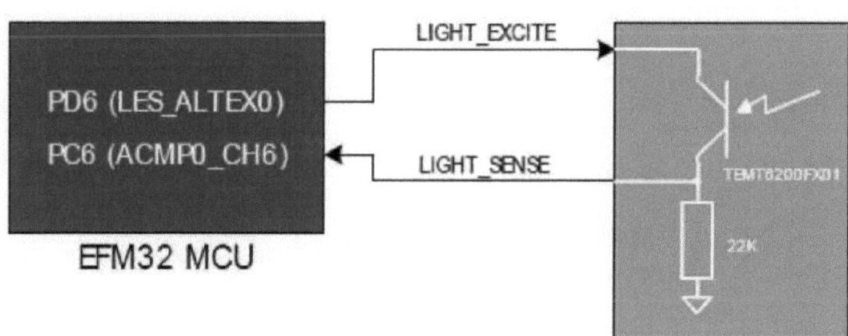

Fig2.6: ***Sensor de luz***

2.1.3.5 Sensor LC:

No canto inferior direito há um sensor indutivo-capacitivo para demonstrar a interface do sensor de baixa energia. Ao estabelecer correntes oscilantes no indutor, o metal nas proximidades do indutor pode ser detectado através da medição do tempo de decaimento da oscilação. O alcance efetivo é de alguns milímetros [7]. A Fig. 2.7 mostra as ligações internas do sensor LC.

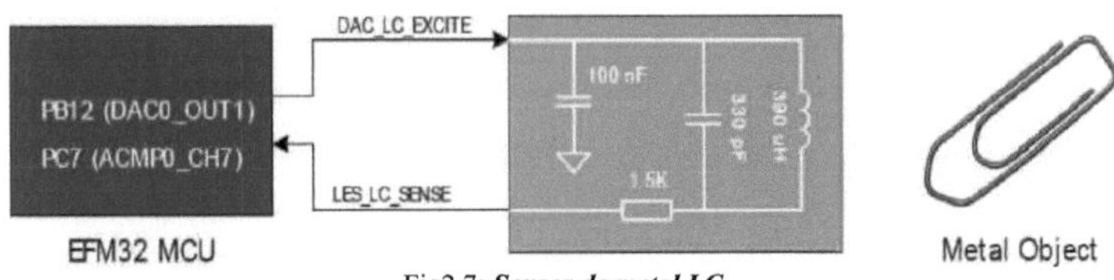

Fig2.7: ***Sensor de metal LC***

2.1.3.6 Conector USB Micro-AB:

A placa EFM32GG-STK3700 está equipada com um conetor USB Micro-AB que suporta os modos USB Device e Embedded Host. A figura abaixo mostra como as linhas USB são ligadas ao EFM32. Note que o cabo USB "J-Link" deve ser inserido para fornecer 5V ao dispositivo quando o EFM32 estiver a funcionar em modo de anfitrião [7-8]. A Fig 2.8 mostra as ligações dos pinos internos do conetor USB OTG.

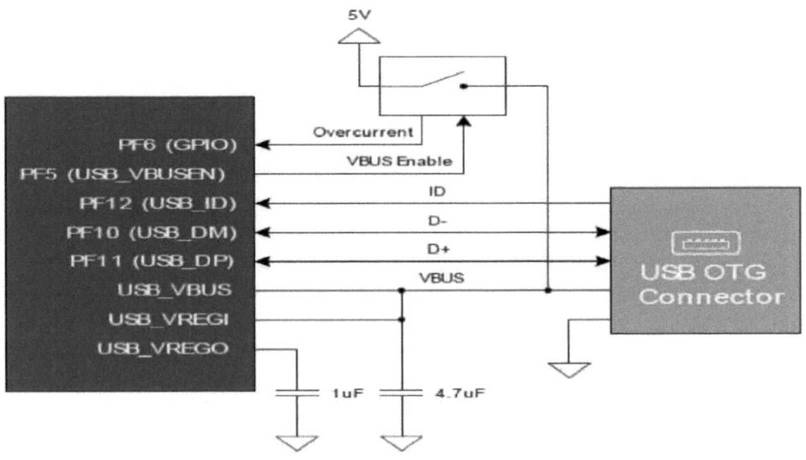

Fig2.8: ***Conector USB do EFM32***

2.1.3.7 Pegada do amplificador operacional:

Se o kit for virado, há um modelo impresso em seda de um circuito típico de feedback de um amplificador operacional. O amplificador operacional real é um dos opamps dentro do EFM32 [7].

2.1.4 Ambientes de desenvolvimento integrado:

Os pacotes de software Energy Micro contêm vários exemplos em formato de fonte para utilizar com o Starter Kit. São suportados os seguintes IDEs [7].

- IAR Embedded Workbench para ARM
- Rowley Associates - CrossWorks para ARM
- CodeSourcery - Sourcery G++

- Keil-MDK-ARM

2.1.5 Monitor de energia avançado:

2.1.5.1 Utilização:

Os dados do AEM (Advanced Energy Monitor) são recolhidos pelo controlador da placa e podem ser visualizados pelo Energy Aware Profiler, disponível através do Simplicity Studio. Ao utilizar o Energy Aware Profiler, o consumo de corrente e a tensão podem ser medidos e associados ao código atual em execução no EFM32 em tempo real.

2.1.5.2 Teoria de funcionamento do AEM:

Para poder medir com precisão a corrente entre 0,1uA e 50mA (gama dinâmica de 114dB), é utilizado um amplificador de deteção de corrente juntamente com uma fase de ganho duplo. O amplificador de deteção de corrente mede a queda de tensão sobre uma pequena resistência em série, e a fase de ganho amplifica ainda mais esta tensão com duas definições de ganho diferentes para obter duas gamas de corrente. A transição entre estas duas gamas ocorre por volta de 250uA. A filtragem digital e o cálculo da média são efectuados no controlador da placa antes de as amostras serem exportadas para a aplicação Energy Aware Profiler.

Durante o arranque do kit, é efectuada uma calibração automática do AEM. Esta calibração compensa o erro de desvio nos amplificadores de deteção [8]. A Fig 2.9 mostra o diagrama de blocos do Monitor de Energia Avançado.

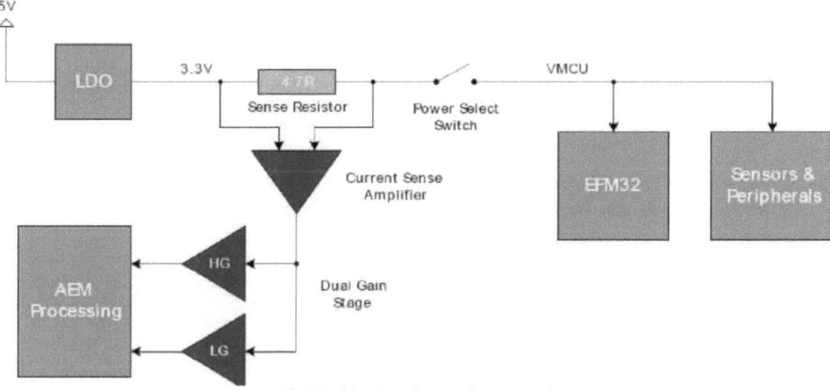

Fig2.9: ***Monitor de energia avançado***

2.1.5.3 Precisão e desempenho do AEM:

O Monitor de Energia Avançado é capaz de medir correntes na gama de 0,1uA a 50mA. Para correntes acima de 250uA, o AEM tem uma precisão de 0,1mA. Ao medir correntes abaixo de 250uA, a precisão aumenta para 1uA. Embora a precisão absoluta seja de 1uA na gama inferior a 250uA, o AEM é capaz de detetar alterações no consumo de corrente tão pequenas como 100nA. O AEM produz 6250 amostras de corrente por segundo [8].

2.1.6 Controlador de placa:

O kit contém um controlador de placa que é responsável pela execução de várias tarefas ao nível da placa, tais como o manuseamento do depurador e do Monitor Avançado de Energia. É fornecida uma interface entre o EFM32 e o controlador da placa sob a forma de uma ligação UART. A ligação é activada definindo a linha EFM_BC_EN (PF7) como alta, e utilizando as linhas EFM_BC_TX (PE0) e EFM_BC_RX (PE1) para comunicar.

Foram fornecidas funções de biblioteca específicas no kit Board Support Package, que suporta vários pedidos a efetuar ao controlador da placa, tais como a verificação da tensão ou da corrente AEM. Para utilizar estas funções, o pacote de suporte da placa deve ser instalado [7-8].

2.1.7 Pacote da placa:

O pacote de suporte da placa (BSP) é um conjunto de ficheiros de código fonte e de cabeçalho C que permite um acesso fácil e o controlo de algumas características específicas da placa [7-8].

2.1.8 Conectores:

2.1.8.1 Almofadas de separação:

Muitos dos pinos do EFM32 são encaminhados para "breakout pads" nas extremidades superior e inferior do kit. Um conetor de pinos de 2,54mm pode ser soldado para facilitar o acesso a estes pinos. A maioria dos pinos de E/S estão disponíveis, com exceção dos pinos usados para controlar o LCD e alguns pinos usados para controlar o flash NAND [7]. A Fig. 2.10 mostra a revisão do kit do Breakout pad e do Cabeçalho de Expansão.

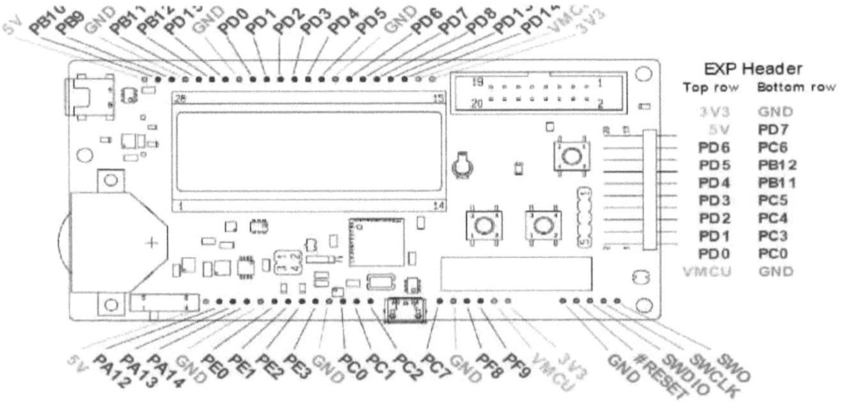

Fig. 2.10: ***Almofadas de separação e cabeçalho de expansão***

2.1.8.2 Cabeçalho de expansão:

No lado direito da placa é fornecido um conetor de expansão de 20 pinos em ângulo para permitir a conexão de periféricos ou placas plug-in. O conetor contém um número de pinos de E/S que podem ser usados com a maioria das características do EFM32 Gecko Gigante [7]. A Fig 2.11 mostra o diagrama de pinos do conetor de expansão.

GND	1	2	VMCU
PC0	3	4	PD0
PC3	5	6	PD1
PC4	7	8	PD2
PC5	9	10	PD3
PB11	11	12	PD4
PB12	13	14	PD5
PC6	15	16	PD6
PD7	17	18	5V
GND	19	20	3V3

Fig2.11 ***Cabeçalho de expansão***

2.2 LOCAÇÃO:

A Interface do Sensor de Baixa Energia (LESENSE) é uma máquina de estado periférica que utiliza outros periféricos padrão no chip para efetuar a medição sequenciada de um conjunto configurável de sensores analógicos. A LESENSE utiliza os comparadores analógicos (ACMP) para medir os sinais dos sensores. A figura seguinte dá uma visão geral do periférico LESENSE e da forma como está ligado aos comparadores analógicos.

Com o LESENSE, quase todas as tarefas imagináveis de interface de sensores que utilizam comparadores analógicos, DACs e contadores podem ser automatizadas e manipuladas enquanto o EFM32 está em EM2 (modo de sono profundo). Um despertar para EM0 (modo de execução) só é necessário quando as leituras do sensor mudam e um limiar de disparo é atingido ou quando é necessária alguma calibração de nível superior. O LESENSE suporta vários tipos de sensores: indutivos (LC), capacitivos e sensores analógicos gerais [9]. A Fig 2.12 mostra o diagrama de blocos do LESENSE.

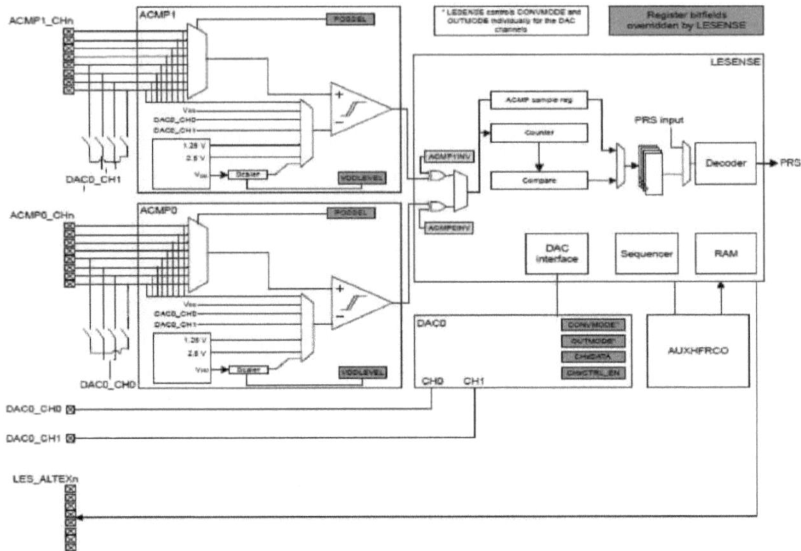

Fig. 2.12: Visão geral da LESENSE

2.2.1 LESENÇA para o tato capacitivo:

Para o toque capacitivo, não são necessárias muitas das características avançadas do LESENSE, como as configurações de fase de excitação, atraso de medição ou atraso de arranque (ver o manual de referência relevante). Apenas é necessária a fase de atraso de amostragem, e a lista seguinte indica o fluxo de uma medição para um botão tátil capacitivo. Ver a figura seguinte para uma sequência típica de medição de toque capacitivo.

1. Os comparadores analógicos são ligados no modo de toque capacitivo. Isto inicia as oscilações RC no canal selecionado.
2. A saída do comparador analógico é enviada para o contador LESENSE que inicia a contagem. O contador de atraso de amostra é iniciado ao mesmo tempo.
3. Quando o contador de atrasos de amostragem atinge o atraso de amostragem configurado, o valor contado é armazenado e comparado com um valor limite.
4. Se a comparação da contagem for verdadeira, é enviado um pedido de interrupção. De qualquer forma, o LESENSE desliga os comparadores analógicos novamente e dorme até o próximo ciclo de varredura. Note-se que a própria CPU nunca é acordada durante um ciclo de medição [9].

Se o LESENSE estiver configurado para efetuar o varrimento de mais do que um canal, a sequência repetir-se-á para cada canal numa sucessão rápida antes de entrar em suspensão. O período de varrimento e o atraso da amostra devem ser configurados de modo a que haja tempo para completar a medição de todos os canais antes de se iniciar um novo varrimento. Se a frequência de varrimento desejada for de 100 Hz, por exemplo, cada varrimento não deve demorar mais de 10 ms, que, mais uma vez, devem ser divididos entre todos os canais que estão activados [9].

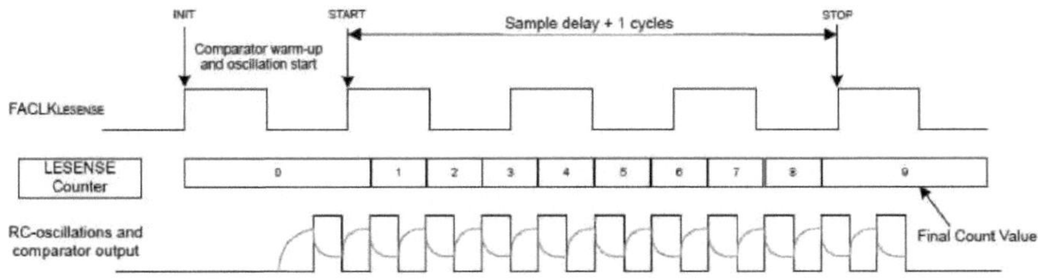

Fig. 2.13: Sequência LESENSE para toque capacitivo

Capítulo 3: DESCRIÇÃO DO SOFTWARE

3.1 Descrição do software:

O EFM32GG-STK3700 da Silicon Labs é um excelente ponto de partida para se familiarizar com o microcontrolador EFM32 Giant Gecko. O kit de iniciação contém sensores e periféricos que demonstram algumas das muitas capacidades do MCU e podem servir como ponto de partida para o desenvolvimento de aplicações. O Giant Gecko possui um depurador SEGGER J-Link integrado e um sistema de Monitorização Avançada de Energia, que lhe permite programar, depurar e realizar perfis de corrente em tempo real da sua aplicação sem utilizar ferramentas externas.

3.2 Principais características:

3.2.1 Dispositivo de armazenamento em massa USB (USB MSC)

- Programe imagens binárias para o alvo, copiando-as simplesmente para a unidade flash no seu sistema operativo.
- A programação MSC suporta ficheiros binários simples, ficheiros Motorola S-record e ficheiros de formato Intel Hex.

3.2.2 Porta COM virtual (USB CDC)

- Uma porta série virtual que pode ser utilizada para comunicações entre um computador e a aplicação de destino.
- Disponível sempre que o cabo USB do J-Link estiver ligado a um computador.
- Configuração fixa; 115 200 bps, 8 bits de dados, sem bit de paridade, 1 bit de paragem.

3.2.3 Monitorização avançada da energia (AEM)

- Monitorizar a corrente e a utilização de energia da aplicação alvo em tempo real.
- Correlacione o consumo de energia com segmentos de código utilizando o Energy Profiler no Simplicity Studio.

3.2.4 Multiplexador de depuração

- Um multiplexador na placa permite a depuração de um alvo externo (como uma placa personalizada) usando um cabo padrão.
- Controlado através do Kit Manager no Simplicity Studio.

3.3 Instruções de atualização do firmware:

3.3.1 Descarregar o Simplicity Studio

- Se ainda não tem o Simplicity Studio 3 instalado, descarregue-o a partir de **www.silabs.com/simplicity.**
- O Simplicity Studio está disponível para Windows, Linux e Mac OS X.
- Se já tiver o Simplicity Studio 3 instalado, avance para o passo 3.

3.3.2 Instalar o Simplicity Studio

- Instale utilizando o ficheiro descarregado e inicie o Simplicity Studio.

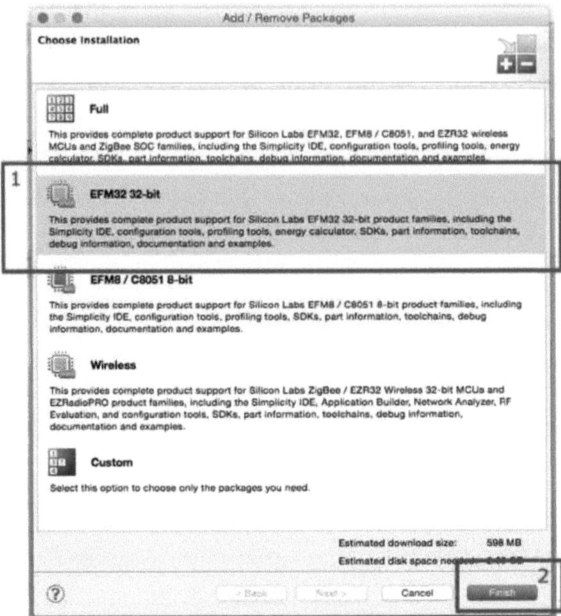

Fig 3.1: Como instalar o EFM32.

3.3.3 Atualizar o Simplicity Studio

- Certifique-se de que instalou as actualizações mais recentes clicando em "Atualizar Software".

Fig 3.2: Como atualizar o software.

3.3.4 Atualizar o Firmware

- Ligue o seu kit e encontre-o na lista de hardware detectado. Poderá ser necessário atualizar a lista manualmente. Seleccione o kit em que pretende atualizar o firmware e inicie o Kit Manager:
- Deverá ser-lhe pedido que actualize o firmware do kit para a versão 0v11p ao abrir o Kit Manager. Aceite e aguarde que a atualização seja concluída.

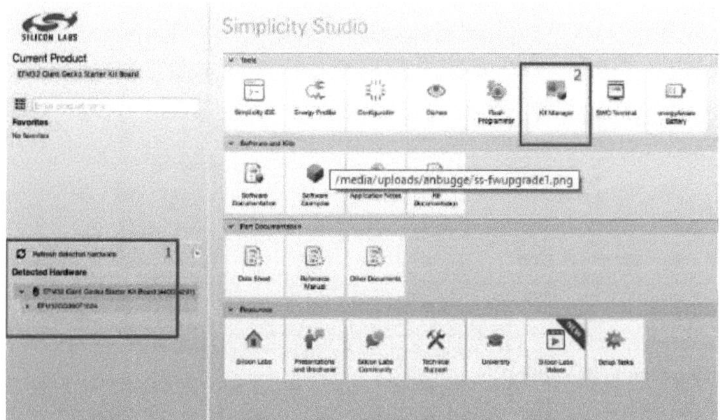

Fig 3.3: Deteção de hardware do kit.

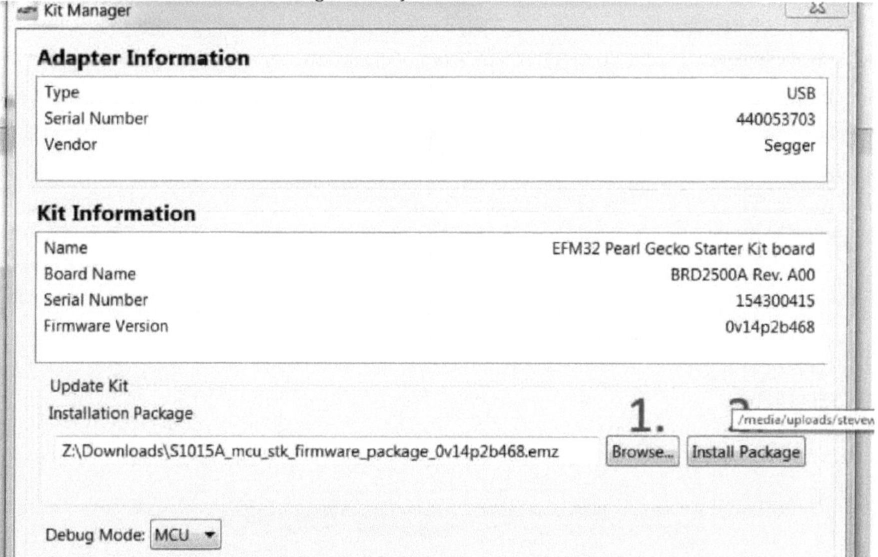

Fig 3.4: Informações sobre o kit para a instalação.

- Após a conclusão da atualização, o kit deve aparecer como uma unidade USB com o mesmo nome do seu kit.

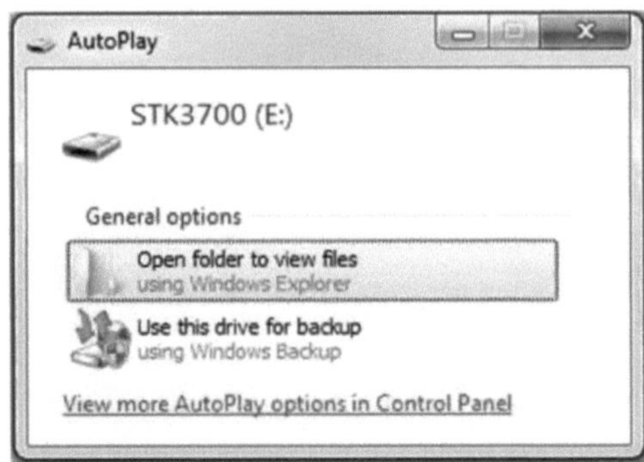

Fig 3.5: Controlador USB em "O meu computador"

3.4 Exportar para o Simplicity studio:

Neste guia, irá aprender como exportar um projeto mbed baseado em EFM32 para o Simplicity Studio. O Simplicity Studio é um ambiente de desenvolvimento completo com acesso à documentação com um clique e uma gama de ferramentas para desenvolver rapidamente um projeto optimizado em termos de energia. É fornecido com um IDE gratuito que suporta nativamente C++, dando-lhe assim a capacidade de puxar facilmente o seu projeto para um ambiente de desenvolvimento offline que suporta a depuração real com pontos de interrupção, visualizador de registos e desmontagem.

3.4.1 Pré-requisitos:

Certifique-se de que instala, no mínimo, a versão 3.0. Se não tiver a certeza da versão que tem atualmente instalada, consulte o seguinte guia:

3.4.2 Preparação:

Atualize o Simplicity Studio para a versão mais recente. Use o atualizador integrado para fazer isso:

Fig 3.6: Atualizar o estúdio de simplicidade.

3.4.3 Exportação:

1. No IDE online, clique com o botão direito do rato no projeto que pretende exportar e seleccione "Exportar

Programa... "

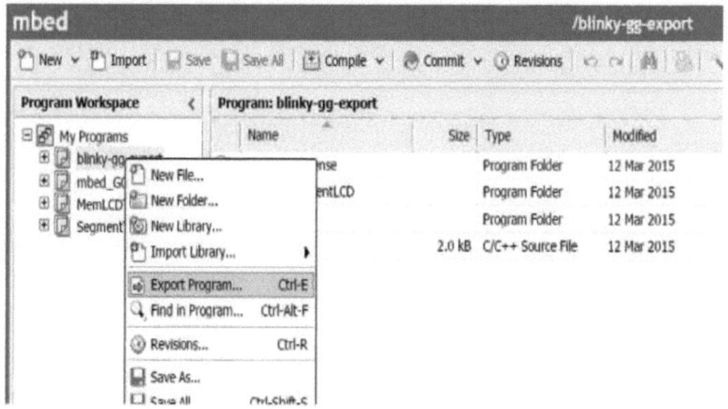

Fig 3.7: Como exportar o programa do mbed - passo 1.

2. Seleccione "Simplicity Studio" como o IDE para onde exportar e clique em "Exportar"

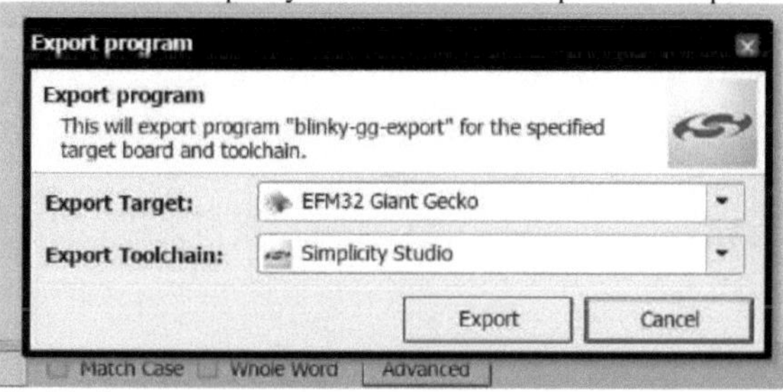

Fig 3.8: Como exportar o programa do mbed-step 2.

3. Será gerada uma versão zipada do projeto e a transferência começará automaticamente. Quando terminar o download, descompacte o arquivo para um local no disco.

4. No Simplicity Studio, utilize o assistente "Importar projeto MCU..." para importar o projeto.

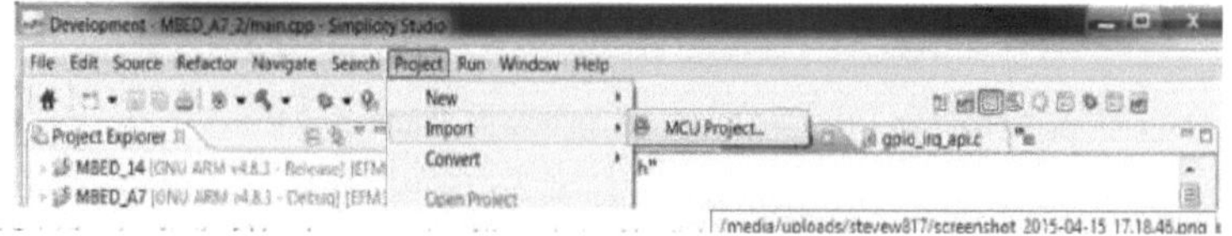

Fig 3.9: Como exportar o programa do mbed-step 3.

5. Aponte o assistente para a pasta onde descompactou o arquivo do projeto. O assistente deverá detetar automaticamente o ficheiro descritor do projeto e o projeto aparecerá como detectado.

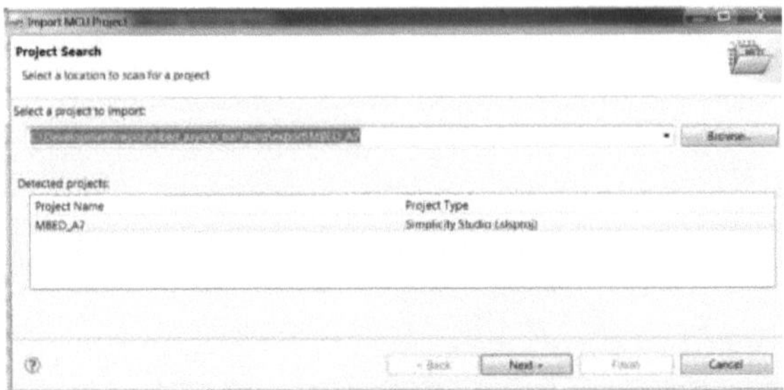

Fig 3.10: Como exportar o programa do mbed-step 4.

6. Concluir o assistente e selecionar "Release" (Libertação) como configuração predefinida.

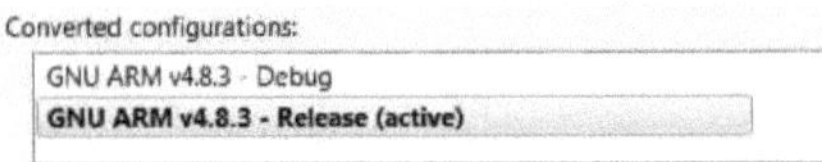

Fig 3.11: Como exportar o programa do mbed-step 5.

7. Tudo pronto! Agora pode utilizar o Simplicity Studio regularmente, para construir, depurar e criar perfis. Ao adicionar quaisquer ficheiros ao projeto, estes serão incluídos automaticamente na construção. Para excluir manualmente ficheiros/pastas da construção, clique com o botão direito do rato sobre eles no explorador de projectos, escolha 'Configurações de recursos' e clique em 'Excluir da construção...'

3.5 Medição do consumo de energia do kit EMF32:

3.5.1 Pré-requisitos:

Este guia irá mostrar-lhe como medir o perfil de potência da sua aplicação mbed.

Pressupõe o seguinte:

- Tem instalada uma versão actualizada do Simplicity Studio. Clique em atualizar no ecrã principal se não tiver a certeza ou, se tiver uma versão muito antiga, obtenha a mais recente no sítio Web da Silicon Labs
- Actualizou o seu kit EFM32 da Silicon Labs para a última revisão de firmware.
- Tem um projeto a funcionar no IDE *mbed* online que pretende perfilar.

3.5.2 Utilizar o perfilador de energia:

3.5.2.1 Iniciar o Energy Profiler

Pode iniciar o perfilador de energia imediatamente após importar o seu projeto:

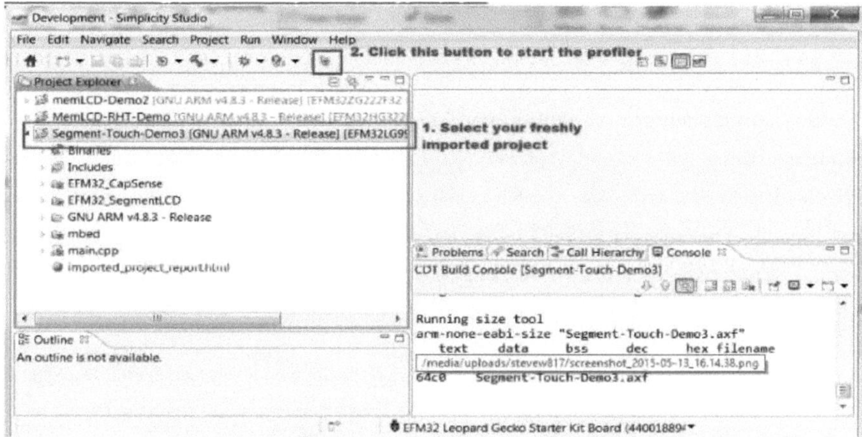

Fig. 3.12: ***Como começar a utilizar o ENERGY PROFILER.***

Uma vez na janela do criador de perfil, os controlos do gráfico permitem-lhe

- Pausa/retomar a gravação
- Ampliar/reduzir o gráfico
- Alternar entre a escala logarítmica e linear para a medição atual
- Ativar/desativar a apresentação de eventos IRQ no gráfico
- Mostrar/ocultar a medição da tensão de alimentação da MCU

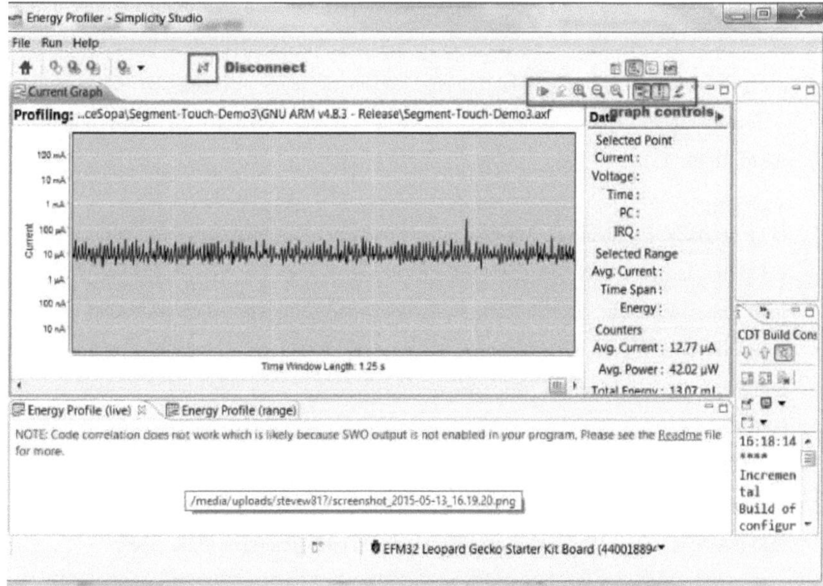

Fig 3.13: ***Gráfico que mostra o consumo de energia utilizando o ENERY PROFILER.***

Também pode clicar no gráfico para selecionar um ponto do qual pretende ver o consumo atual, ou arrastar o rato para obter os números médios de corrente e potência para a sua seleção. No final da sessão, clique no botão desconectar para voltar ao IDE.

3,6 *mbed:*

O mbed é uma plataforma e um sistema operativo para dispositivos ligados à Internet baseados em microcontroladores ARM Cortex-M de 32 bits. Estes dispositivos são também conhecidos como dispositivos da Internet das Coisas. As bibliotecas e classes definidas pelo *mbedfacilitam* a programação para dispositivos baseados em ARM. O utilizador pode conceber códigos de programação sem ter de se debruçar sobre os aspectos técnicos dos sistemas.

Algumas das classes incorporadas que utilizámos no nosso projeto são as seguintes

- Digitalln: A interface Digitalln é usada para ler o valor de um pino de entrada digital. Qualquer um dos pinos mbed numerados mencionados em PinNames.h pode ser usado como um Digitalln.
- DigitalOut: A interface DigitalOut é usada para ler o valor de um pino de entrada digital. Qualquer um dos pinos mbed numerados mencionados em PinNames.h pode ser usado como DigitalOut.
- AnalogOut: A interface AnalogOut é utilizada para definir a tensão de um pino de saída analógica. A interface AnalogOut pode ser utilizada para definir uma tensão num pino algures na gama de VSS a VCC.

3.6.1 Aplicações:

As aplicações para a plataforma *mbed* podem ser desenvolvidas utilizando o IDE *mbed* online, que é um editor e compilador de código online gratuito. É necessário instalar um navegador da Web no PC local. O IDE *mbed* fornece espaços de trabalho privados com a capacidade de importar, exportar e partilhar código. As aplicações também podem ser desenvolvidas com outros ambientes de desenvolvimento, como a versão Keil µ, o IAR Embedded Workbench e o Eclipse com ferramentas ARM Embedded.

3.6.2 SDK:

O kit de desenvolvimento de software *mbed* (SDK) fornece a plataforma de software *mbed* C/C++ e ferramentas para a criação de firmware de microcontrolador que funciona em dispositivos inteligentes. Consiste nas bibliotecas principais que fornecem os controladores periféricos do microcontrolador, rede, RTOS e tempo de execução. Uma base de dados de componentes fornece bibliotecas de controladores para componentes e serviços que podem ser ligados às MCU para construir um produto final.

3.6.3 HDK:

O kit de desenvolvimento de hardware *mbed* (HDK) foi concebido para OEMs e fornece informações para construir hardware personalizado para suportar o SDK mbed.

3.7 Biblioteca de sensores capacitivos:

A Capacitive Sense Library (cslib) suporta todos os dispositivos EFM32.

A maioria dos dispositivos tem exemplos que utilizam a biblioteca cslib disponível no Gecko SDK v4.4.0 (v4.4.1 no Simplicity Studio) ou posterior no Simplicity Studio v4. Para aceder a estes exemplos para os STKs:

1. Conecte o STK ao PC onde o Simplicity Studio v4 está instalado. Para abrir e construir o exemplo sem ter um kit conectado:

a. Clique no separador [**Soluções**].

b. Clique no botão [**Nova solução**].

c. Seleccione [**Solução personalizada**] e clique em [**OK**].

d. Clique no botão [**Adicionar dispositivos**].

e. Procure a família de dispositivos (por exemplo, Wonder Gecko) e seleccione o Starter Kit associado a essa família (por exemplo, EFM32 Wonder Gecko Starter Kit). Clique em [**OK**].

2. Na área [**Getting Started**], seleccione um SDK se o SDK preferido não estiver especificado, clicando na ligação [**Change Preferred SDK**]. Os exemplos estão disponíveis na versão 4.4.1 ou posterior.

3. Em [**Demos**], clique em [**Ver tudo**].

4. Seleccione o exemplo cslib e continue através do assistente para abrir um projeto baseado neste exemplo.

Fig 3.14: Exemplos da biblioteca de deteção capacitiva para EFM32

Capítulo 4: EXECUÇÃO DO PROJECTO

4.1 Descrição:

- O nosso projeto modela a domótica utilizando 4 aparelhos: AC, Geyser, ventoinha e lâmpada tubular.
- Interligámos 4 interruptores, 1 LED e 1 ventoinha com os pinos GPIO do controlador fornecidos nas breakout pads e no cabeçalho de expansão.
- AC, Geyser e Luz são representados pelos três LEDs utilizados no nosso modelo de projeto; também é utilizada uma ventoinha de 5V dc.
- O interrutor 1 (SW_1) é responsável pelo controlo da ventoinha. Sempre que o SW_1 é premido, a ventoinha muda do seu estado anterior; ou seja, se a ventoinha estava inicialmente desligada, ao premir o interrutor 1 fica ligada.
- O interrutor 2 (SW_2) é responsável pelo controlo da lâmpada tubular. Sempre que o SW_2 é premido, a lâmpada tubular muda do seu estado anterior, ou seja, se estava inicialmente desligada, ao premir o interrutor 2 passa a estar ligada.
- O interrutor 3 (SW_3) é responsável pelo controlo do CA. Sempre que o SW_3 é premido, o CA muda do seu estado anterior, ou seja, se estava inicialmente desligado, ao premir o interrutor 2 passa a estar ligado.
- O interrutor 4 (SW_4) é responsável pelo controlo do Geyser. Sempre que o SW_4 é premido, o Geyser muda do seu estado anterior, ou seja, se estava inicialmente desligado, ao premir o interrutor 2 passa a estar ligado.
- O AC e o geyser nunca serão ligados simultaneamente. Por exemplo, se a CA estiver ligada, se tentarmos ligar o géiser, a CA desliga-se automaticamente.
- Se a ventoinha estiver ligada e a CA for ligada, a ventoinha desliga-se. A ventoinha permanecerá no estado OFF até que o AC seja mantido ON.
- A intensidade da luz é variada através do toque capacitivo, incorporado no kit.
- O estado do aparelho é visualizado no ecrã LCD (incorporado no kit) sempre que o interrutor correspondente é premido.

4.2 Codificação:

/**

* Este programa lê o estado do botão (baixo ou alto) numa variável dada pelo objeto SW_1, SW_2, SW_3 e SW_4.

* Em seguida, utiliza este valor (0 ou 1) para ligar ou desligar o LED.

* Os interruptores estão ligados aos pinos PC5, PD8, PB9 e PB10.

* 0V e o nível lógico neste pino é Baixo. Quando o interrutor está aberto, a tensão do pino é puxada para cima

* a 5V devido a uma resistência pull-up externa ligada. Assim, quando o interrutor está aberto, o nível lógico é elevado. O código detecta o interrutor e, se estiver fechado, acciona o LED.

* Se mantiver o interrutor premido, o LED piscará a um ritmo determinado pelo atraso do circuito, ou seja, 0,2 segundos.

* O LED utilizado a partir da placa de E/S funciona com lógica negativa, pelo que é aplicado um "0" para o ligar e um "1" para o desligar.

```
#include "mbed.h"
#include "EFM32_SegmentLCD.h"
#include "EFM32_CapSenseSlider.h"
**/

silabs::EFM32_SegmentLCD segmentDisplay;
silabs::EFM32_CapSenseSlider capSlider;

DigitalIn SW_1(PC5);
DigitalOut FAN(PC4);

DigitalIn SW_2(PD8);
AnalogOut LIGHT(PB11);

DigitalIn SW_3(PB9);
DigitalOut AC(LED0);

DigitalIn SW_4(PB10);
DigitalOut GEYSER(LED1);

void touchCallback(void);
void slideCallback(void);

int32_t step,temp=0;
/**
 * Callback for touching/untouching the cap slider
 */
void touchCallback(void)
{

    if(capSlider.isTouched())
    {
```

```
        segmentDisplay.Write("Touched");
        wait(0.2);
        temp=0;
       }
    }


/**
 * Callback for sliding the cap slider
 */
void slideCallback(void)
{
   step=capSlider.get_position();
   segmentDisplay.LowerNumber(step);
         if(step<=3)
         LIGHT=1;                      //If position is less than 3, keep light OFF
         else if(step>=40)
         LIGHT=0;                     //If position is more than 40, keep light ON
       else if(step>=temp)           //If the finger position is sliding towards right,
       LIGHT = LIGHT - 0.01;       //increase intensity of light.
       else if(step<temp)           //If the finger position is sliding towards left,
       {
       LIGHT = LIGHT + 0.1;     //decrease intensity of light.
       wait(0.4);
       }
     temp=step;                   //assign step position to temp variable
     wait(0.2);
  }
 int main()
 {
  unsigned char count;                              //count to display in do while
 for finite number of times.
  LIGHT=1;                                          //keep   light   OFF   when
 microcontroller is switchd ON/RESET
  while(1)
  {
```

```
count=0;                                    //initialise count to 0
// Enable the capacitive slider
capSlider.start();                          //enable capacitive slider
capSlider.attach_touch(touchCallback);
capSlider.attach_untouch(touchCallback);
capSlider.attach_slide(-1, slideCallback);

        if(FAN==0&&AC==0&&LIGHT==1&&GEYSER==0)
//Display "Hello" on LCD if all Appliances are OFF
        segmentDisplay.Write("Hello");
if (SW_2 == 0)                  //Switch for tubelight is pressed
{
        LIGHT = !LIGHT;                 // Toggle the LED state
        wait(0.2);              //wait for 200 ms
        if(LIGHT==0)            //if light is ON, display "Light ON"
        {
                        do
                        {

                if(SW_1==0||SW_2==0||SW_3==0||SW_4==0)
                                        break;
        //come out of LOOP if any switch is pressed
                                segmentDisplay.Write("Light ");
                                wait(1);
                                segmentDisplay.Write("ON");
                                wait(1);
                                count++;
                        }while(count<3);
                //display till 3 counts
        count=0;                                //reset count to 0
        }
        else
        {
                segmentDisplay.Write("OFF");
                wait(0.2);
        }
}
```

```
if (SW_3 == 0)                          //Switch for AC is pressed
{
        AC = !AC;                       // Toggle the LED state
        wait(0.2);                      // 200 ms
        if(AC==0)                       //if AC is OFF
        {
        segmentDisplay.Write("AC OFF");
        wait(0.2);
        }
        else if (AC==1)                 //if AC is ON
        {
                if(FAN==1)              //if AC and FAN are ON
                {
                        FAN=0;                  //Switch off FAN
                        segmentDisplay.Write("Fan OFF");
                        wait(1);
                }
                GEYSER=0;               //Switch OFF GEYSER
                segmentDisplay.Write("AC ON");
                wait(0.2);
        }
}
if(AC==0)
{
        if (SW_1 == 0)                  // Switch for FAN is pressed
        {
                FAN = !FAN;             // Toggle the LED state
                wait(0.2);
                if (FAN==1)
                {
                        segmentDisplay.Write("Fan ON");
                        wait(0.2);
                }
                else
```

```
                {
                        segmentDisplay.Write("Fan OFF");
                        wait(0.2);
                }
        }
}
if (SW_4 == 0) // Switch for Geyser is pressed
{
        GEYSER = !GEYSER;           // Toggle the LED state
        AC=0;
        wait(0.2);
        if(GEYSER==1)               //if GEYSER is ON
        {
                do
                {
                if(SW_1==0||SW_2==0||SW_3==0||SW_4==0)
                        break;
        //come out of LOOP if any switch is pressed
                        segmentDisplay.Write("Geyser ");
                        wait(1);
                        segmentDisplay.Write("ON");
                        wait(1);
                        count++;
                }while(count<3);                //display till 3 counts
        count=0;                                //reset count to 0
        }
        else
        {
        segmentDisplay.Write("OFF");
        wait(0.2);
        }
                                        }
                                }
                        }
```

4.3 Ensaios:

- Quando o kit é ligado, "HELLO" é apresentado no ecrã LCD. Fig

4.1 apresenta o estado inicial do kit quando não é premido nenhum interrutor.

Fig 4.1: Condição inicial do kit, quando nenhum interrutor é premido

- Quando o interrutor 1 (SW_1) é premido, a ventoinha liga-se. A Fig. 4.2 mostra que a ventoinha é ligada premindo SW_1.

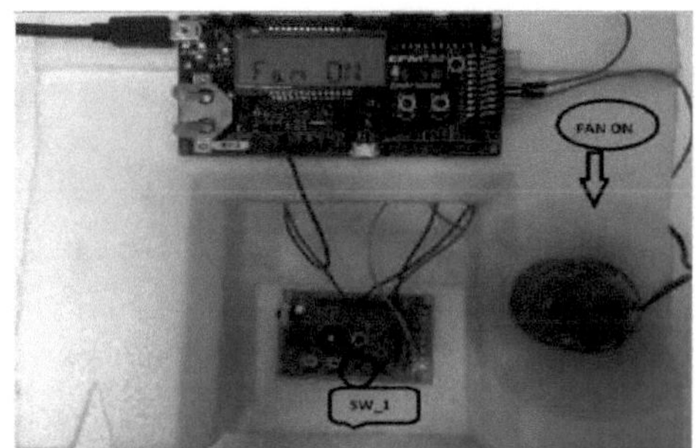

Fig 4.2: A ventoinha liga-se ao premir SW_1

- Quando o interrutor 2 (SW_2) é premido, a TUBE_LIGHT liga-se. A Fig 4.3 mostra que a TubeLight é ligada ao premir o SW_2.

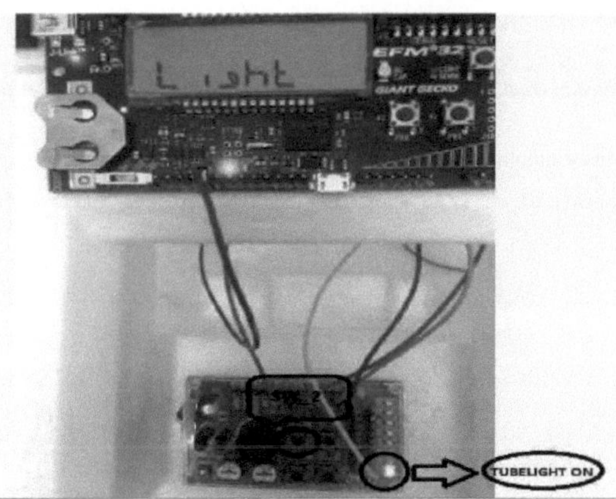

Fig 4.3: A luz tubular liga-se ao premir SW_2

- A intensidade da luz do tubo pode ser aumentada ou diminuída utilizando o controlo deslizante tátil capacitivo.

■J A intensidade é mínima no início; é apresentado um contador no ecrã LCD para representar a gama de tensão fornecida ao LED (Tubo-luz). A Fig. 4.4 mostra a intensidade mínima da luz na posição inicial do cursor tátil.

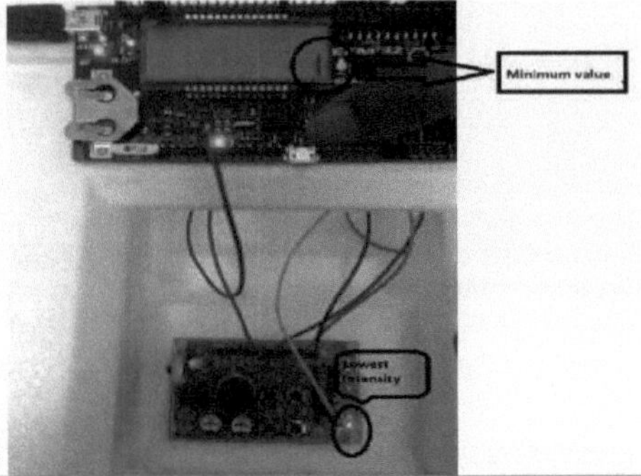

Fig. 4.4: Intensidade mínima da luz tubular

J A intensidade aumenta à medida que o seletor de toque desliza da esquerda para a direita. A Fig. 4.5 mostra a intensidade crescente da luz do tubo quando a posição do seletor de toque é aumentada.

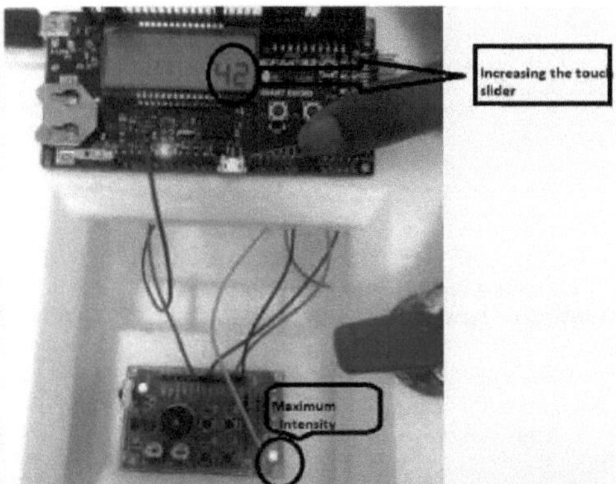

Fig. 4.5: Aumento da intensidade com o aumento da posição do seletor

J A intensidade diminui à medida que o cursor tátil desliza da direita para a esquerda. A Fig. 4.6 mostra que a intensidade da luz do tubo diminui à medida que se diminui a posição do seletor de toque.

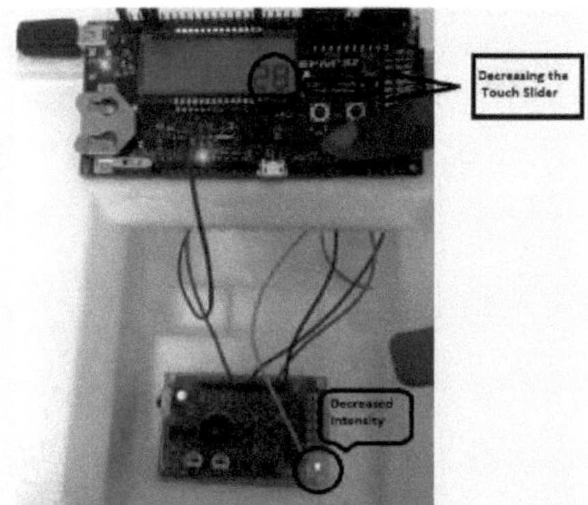

Fig. 4.6: A intensidade diminui com a diminuição da posição do seletor

- Quando o interrutor 3 (SW_3) é premido, a CA é ligada. A Fig. 4.7 mostra que a CA é ligada premindo o SW_3.

Fig 4.7: AC liga-se ao premir SW_3

- Quando o Interruptor 4 (SW_4) é premido, o Geyser liga-se. A Fig. 4.8 mostra que o Geyser é ligado ao premir o SW_4.

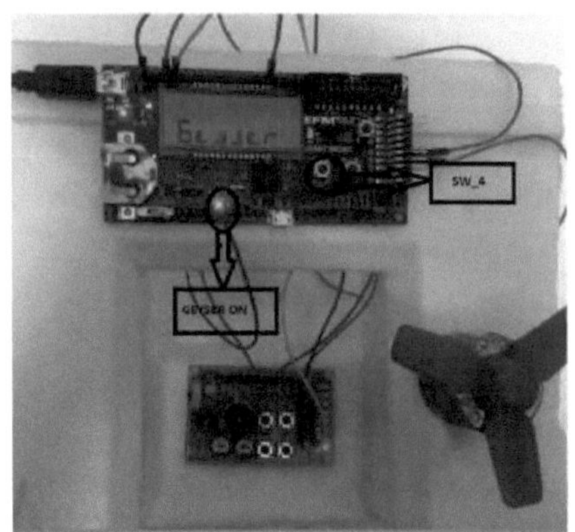

Fig 4.8: O géiser liga-se ao premir SW_4

- Se a ventoinha estiver ligada e a CA for ligada, a ventoinha desliga-se. A ventoinha permanecerá no estado OFF até que o AC seja mantido ON. As Figs. 4.9 e 4.10 mostram que se a ventoinha estiver ligada e o SW_3 for premido para ligar a CA, então a ventoinha desliga-se.

Fig. 4.9: A ventoinha desliga-se

Fig. 4.10: AC liga

4.4 Análise energética do código:

A potência total consumida pelo código do programa é calculada pelo perfilador de energia do Simplicity

Studio. A Fig. 4.11 mostra a potência total consumida pela nossa aplicação de comutação concebida no kit Giant Gecko. A potência total em mW é de 36,00 mW. A corrente total consumida é apresentada no perfilador de energia. É medida em mA. O consumo de corrente do nosso código é de 11,12 mA. É consumido um total de 1,40 J (Joules) num período de tempo de 38,90 segundos. A Fig. 4.11 mostra a análise de energia fornecida pelo energy-profiler.

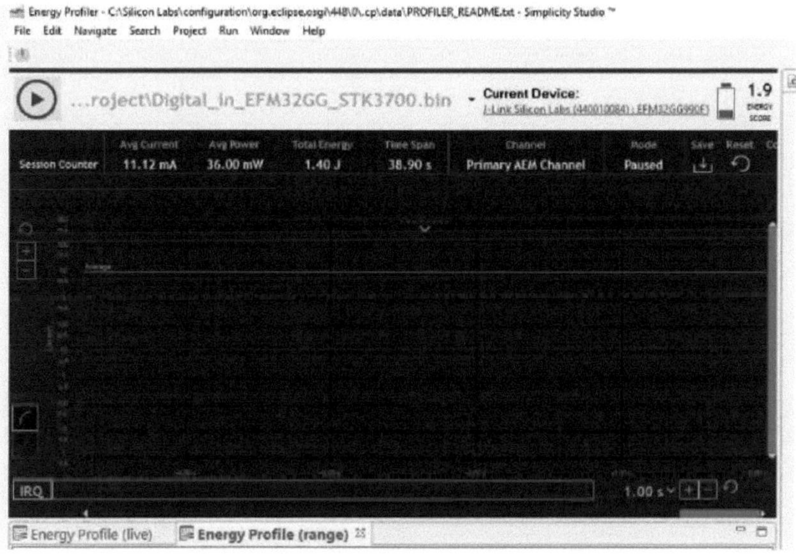

Fig 4.11: Análise energética do código no energy-profiler

Capítulo 5: CONCLUSÃO E FUTURAS MELHORIAS

5.1 Conclusão:

O projeto conseguiu alcançar com êxito os seguintes resultados:

- Aprendemos sobre microcontroladores e familiarizámo-nos com a arquitetura ARM e os conceitos de programação através deste projeto.
- Aprendemos a escrever e a carregar programas no dispositivo programável. Neste projeto demos especial atenção ao mbed e ao Simplicity studio, dois IDE's suportados pelo kit Giant Gecko.
- Adquirimos conhecimentos sobre um excelente kit (Giant Gecko) e conseguimos utilizar com êxito várias funcionalidades integradas no kit.
- Podemos ligar e desligar os aparelhos automaticamente, consoante a prioridade que atribuímos aos diferentes dispositivos. Esta prioridade pode ser alterada de acordo com as necessidades do utilizador.
- Existem quatro interruptores utilizados no projeto que alteram os estados de diferentes dispositivos ligados ao MCU.
- O interrutor 1 está a controlar a ventoinha. Sempre que o Interruptor 1 é premido, a ventoinha muda do seu estado anterior; ou seja, se a ventoinha estava inicialmente desligada, passa agora a estar ligada e vice-versa.
- O interrutor 2 está a controlar a lâmpada tubular. Sempre que o interrutor 2 é premido, a lâmpada do tubo alterna do seu estado anterior.
- O interrutor 3 está a controlar o CA. Sempre que o interrutor 3 é premido, o CA alterna do seu estado anterior.
- O interrutor 4 está a controlar o Geyser. Sempre que o Interruptor 4 é premido, o Geyser muda do seu estado anterior. O AC e o Geyser nunca serão ligados simultaneamente. Por exemplo, se a CA estiver ligada, se tentarmos ligar o gêiser, a CA será desligada automaticamente.
- Se a ventoinha estiver ligada e a CA for ligada, a ventoinha desliga-se. A ventoinha permanecerá no estado OFF (desligado) até que o AC seja mantido ON (ligado). Isto é feito para reduzir o consumo de energia devido a diferentes dispositivos.
- O cursor tátil capacitivo incorporado na placa Gecko gigante é utilizado aqui para aumentar a intensidade da luz com a ajuda do LESENSE. Ao deslizar a barra deslizante da esquerda para a direita, a intensidade aumenta e vice-versa.
- O estado do aparelho é visualizado no ecrã LCD (incorporado no kit) sempre que o interrutor correspondente é premido.
- A potência total consumida pelo código foi testada utilizando um perfilador de energia. A potência total é de 36,00 mW e o consumo total de corrente do código é de 11,12 mA.
- Dos pontos acima referidos, conclui-se que o projeto cumpriu os requisitos e as especificações que lhe foram impostas e que, além disso, conseguiu obter algumas características adicionais, como a utilização de um ecrã LCD na placa e de um cursor tátil capacitivo.

5.2 Desenvolvimentos e melhorias futuros:

Há uma série de formas de melhorar este projeto em qualquer desenvolvimento futuro.

- Podem ser adicionados mais dispositivos no código do programa e a sua prioridade pode ser facilmente alterada com base nas necessidades do utilizador.
- É possível melhorar o código para reduzir o consumo de energia. Pode haver uma codificação mais eficiente.
- A um nível mais avançado, podem também ser adicionados sensores à configuração para análise em tempo real da situação e o seu feedback pode ser utilizado para gerir de forma mais eficiente a comutação entre os dispositivos propostos.
- Podem ser utilizados diferentes tipos de sensores para a automatização de casas inteligentes. O sensor LC pode ser utilizado para detetar o contacto metálico. Pode ser utilizado um sensor IR para a deteção de obstruções. O sensor PIR para acionar o alarme contra roubo ou ligar e desligar automaticamente as luzes quando uma pessoa entra ou sai de uma divisão. O sensor de luz pode ser utilizado para monitorizar os níveis de luz ambiente. Sensor de temperatura e humidade para controlar automaticamente os aparelhos de ar condicionado e o desumidificador. Os sensores de inundação e de fugas podem ser ligados por baixo dos lavatórios e das banheiras onde haja risco de fugas. Todos os sensores acima mencionados podem ser utilizados com o kit Gecko Gigante para conceber uma aplicação de domótica mais sofisticada.
- A comunicação sem fios também pode ser utilizada, como o desenvolvimento de um controlo remoto portátil para controlar a comutação de dispositivos. Isto pode resolver ainda mais o problema da atualização e alteração do código.
  - Com a ajuda do LESENSE, podem ser controlados mais dispositivos, como a variação da velocidade do motor, o aumento ou a diminuição da quantidade de tensão fornecida a diferentes dispositivos físicos com interface com o MCU.
  - Esta aplicação também pode ser modificada para ser utilizada em indústrias e escritórios para ligar e desligar máquinas maiores e mais pesadas.

REFERÊNCIAS

[1] http://www.newelectronics.co.uk/electronics-technology/wireless-iot-sensors- increase-demand-for-low-power-solutions/110410/

[2] A. Yener, E. Erkip, O. Simeone, M. Zorzi, P. Grover, K. Huang, Colheita de Energia, Comunicação Sem Fio: A Review of Recent Advances, IEEE Journal on Selected Areas in Communication, vol. 33, Issue No. 3, março de 2015

[3] P. Kamalinejad, C. Mahapatra, Z. Sheng, S. Mirabbasi, V. C. M. Leung e Y. L. Guan, "Wireless energy harvesting for the Internet of Things," in *IEEE Communications Magazine*, vol. 53, no. 6, pp. 102-108, junho de 2015.

[4] R.K. Kodali, V. Jain, S. Bose, L. Boppana, Conferência Internacional sobre automação doméstica inteligente baseada em IOT, Computação, Comunicação e Automação (ICCCA), 29-30 de abril de 2016

[5] K N.V. Sagar, S M Kusuma, International Research Journal of Engineering and Technology (IRJET), vol. 02, Issue No. 03,pp. 1965-1970, junho de 2015

[6] V.V. Bhimte, Home Automation using ARM Controller, International Journal of Engineering, Science and Technologies (IJRESTs), vol. 01, Issue No. 06, pp. 1-3, março de 2016

[7] www.silabs.com

[8] www.energymicro.com

[9] AN0028: Interface de sensor de baixa energia - CapacitiveSense

Printed by Books on Demand GmbH, Norderstedt / Germany